LIFT BANK MUSIC

岸慧晶

| 计 | 陈豪克 | 闫 | 程 |

名称　左岸慧晶
面积　180m²
主材　壁纸　茶镜　玻化砖

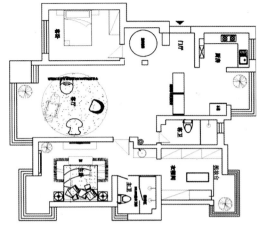

左岸慧晶平面布置图

主人为音乐界人士，追求跨界的时尚

U0289925

客厅选用款式
各异的世界名
为主角

客厅主墙面采
膜镜挂墙系统

　　不同的色调可以让空间富有层次感和多样性；通过对屋梁、地台、吊顶的改造可以达到凸显个性风格的目的；由于房子比较大，因此在选购家具时可尽量用大结构家具，避免室内显得零碎。大方得体才能体现"大家风范"；在材料上适宜多用高档材料，比如说冰花玻璃、柚木王地板、砂光不锈钢等，在装饰上要尽量精致。

餐桌面的红色马赛克从顶棚流下再延续到地面向南北分流

室简洁利落，床
纸及镜面贴面体
女主人的情趣

主卫与主卧浑然贯通

　　再大的房子细节也是不可或缺
对大户型的装修设计，应该跳出装修
修，站在潮流与业主的角度来考虑装
具体来说，大户型设计要在强调整体，
的同时，注重每个单一景点的细节渲
因为这类户型的视点较杂，每个单一
点都要适应从不同的角度去观察，平
俯视、仰视，既要远观有形，又要近
细部，所以要求每个景点都要刻画得
入微，只有做好每个细节，整个作品
得饱满；反之，则充其量只是一幅未
的画，有着或多或少的遗憾。

主卫的瀑布之秋马赛克令人酣畅淋漓

儿童房亮丽欢快

的休闲空间以涂鸦墙画为背景

GREEN HOUSE

玄关采用屏风隔断

格林豪森

设　　计　陈豪克　于小蒙

项目名称　格林豪森
项目面积　220m²
设计主材　美国樱桃木
　　　　　玻化砖
　　　　　壁纸
　　　　　理石

格林豪森平面布置图

客厅色调静雅、材质贵而不奢

电视墙选用莎安娜米黄

家具采用古今结合方式

材质的选择是室内设计中的关键
材质在细节的巧妙应用是设计深
要前提

餐厅选用法式古典

休闲娱乐区同样体现尊贵

主卧室简洁时尚的气息主要通过家具及材质、饰品来体现

主卧里的小休闲区安静清雅

LIVING IN SUMMER PALACE

中远颐和丽园

设　计　闫　程

项目名称　中远颐和丽园

项目面积　210m²

设计主材　清玻璃　壁纸　橡木

休闲区、卫生间、睡眠区层层过渡，相互映衬

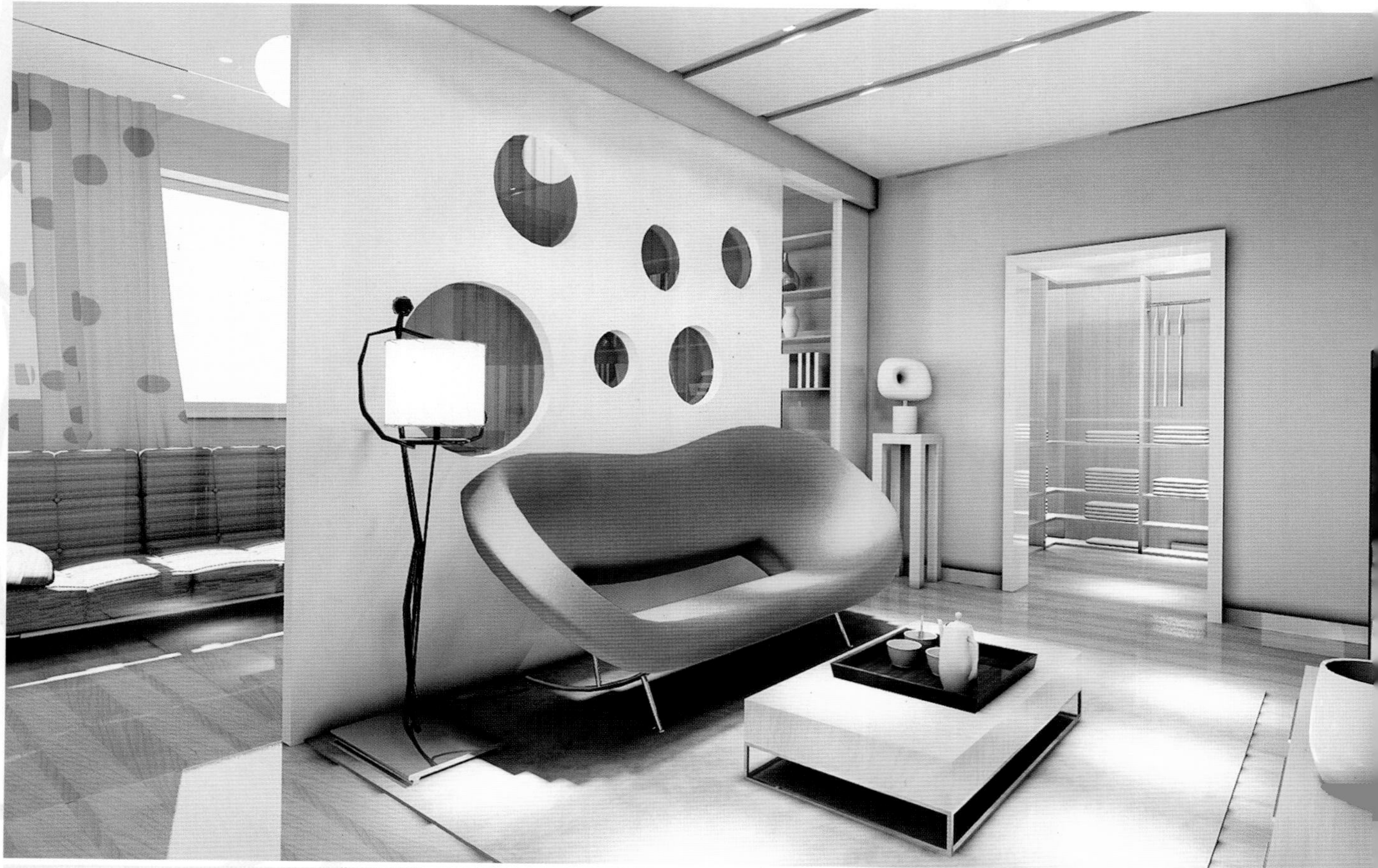

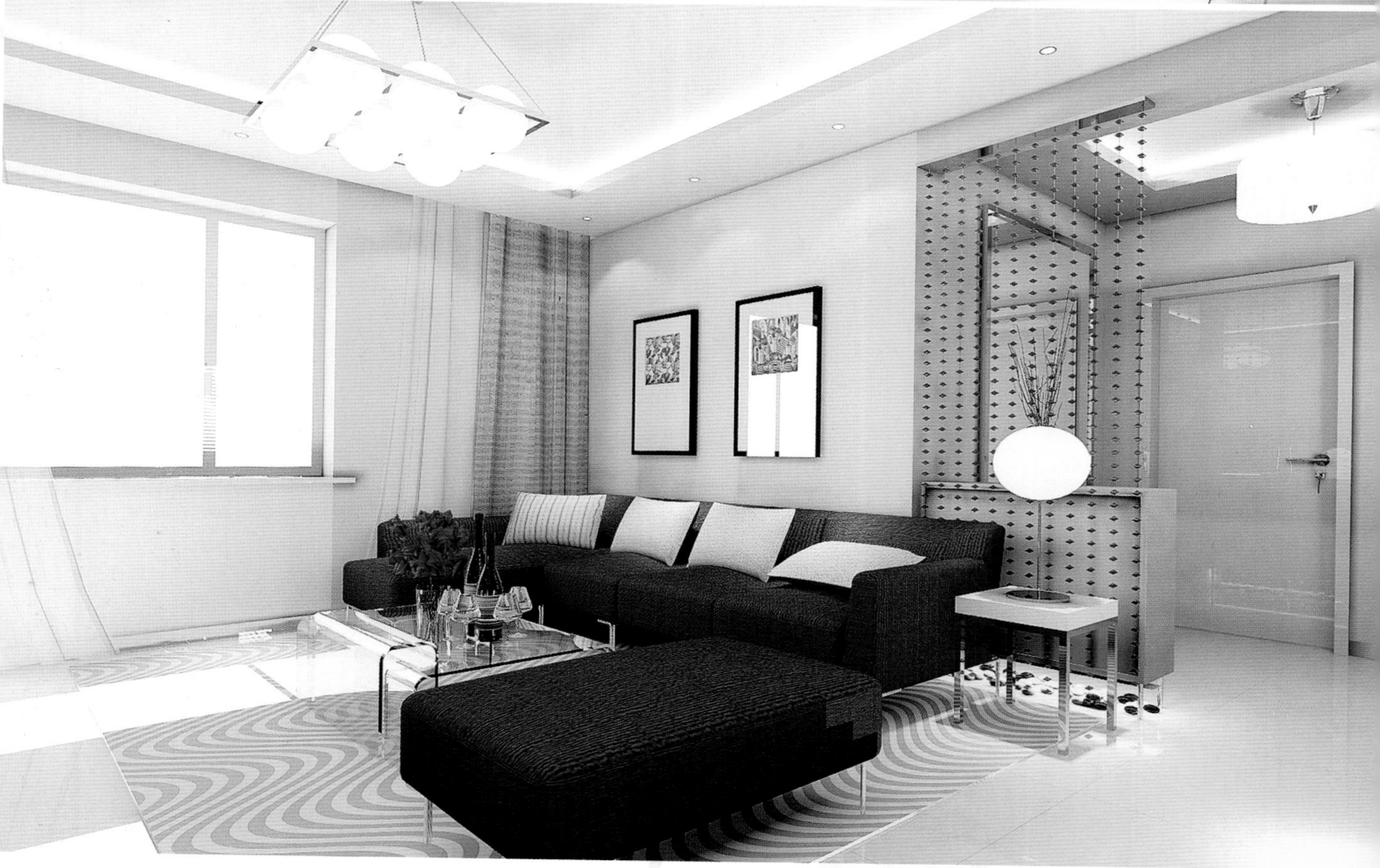

起居厅充满愉悦
氛，带给主人轻
心情

玄关与客厅、餐厅的空间
关系通过层次的过渡、造
型的延伸来体现

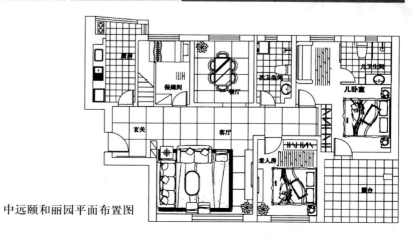

中远颐和丽园平面布置图

色调搭配的原则
约、幽静

LIVING IN VENICE

东方威尼斯

设　　计　陈豪克　闫程　李猛

项目名称　东方威尼斯
项目面积　180m²
设计主材　红胡桃　欧式石膏线
　　　　　仿古砖　金线米黄理石

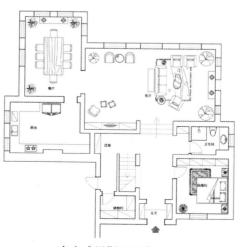

东方威尼斯平面布置图

约两个视角充分展现了主人对现代美式乡村生活方式的钟爱

装饰品如书画、雕塑、古瓷等的点缀，既能弥补单调又为室内增添生机和内涵。

女孩房与男孩房都采用美式，而个性色彩又分别不同

室选用深色家具，呼应形
富的顶面，主人的气质品
见一斑

建赏欧洲

设　计　陈豪克　闫　程

项目名称　建赏欧洲
项目面积　220m²
设计主材　玻化砖　壁纸　真实漆　铁艺　防腐木

APPECLATING EUROPE

西班牙风格的朴实、纯美、真挚、性情是主人的最爱

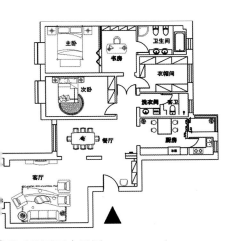

建赏欧洲平面布置图

客厅一隅的小壁炉为主人提供一处闲情肆意之地

餐厅连通着客厅与开敞式西厨，承载着承上启下的作用

台的侧墙令人心情释然

橱柜蕴涵了颇多的回味

APPECIATING EUROPE

建赏欧洲

设　计　陈豪克　闫　程

项目名称　建赏欧洲
项目面积　220m²
设计主材　玻化砖　壁纸　烤漆板

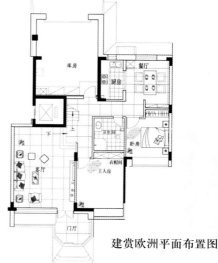

建赏欧洲平面布置图

实木厅柜给人十分质朴的感觉

花纹复杂的地毯与线条比直、棱角
分明的家具相搭配，略显生硬

客厅的颜色不但影响观感，也能影响情绪，在家具时尚的调色板中，任何一种颜色都可以相对独立地运用，也可以相搭配，若想使房间取得整洁、明亮的效首选白色，需要注意的是白色虽然可任何颜色搭配，但不宜过多。

一个空间的色彩最好不要超过三种，是沙发、厅柜、茶几、地毯这样体积的物品。

家具材料是为了设计内涵服务的，因无论是木、布、皮、玻璃、金属或者种材料的结合，都各有各的精彩。白橡白桦木、桦木、枫木贴面的家具以自新的面貌出现；而金属构件配上磨砂透明玻璃的组合，极富现代感。

家具的造型、陈设、搭配是营造居室的主要手段，所以，在某种程度上，是人们实现居住理想的最好载体。装功能、选材、工艺紧密统一，具有朴、自然、精湛、舒适"风格的家具是今后较长一段时间流行的主要款式。

书房的印象最重
的就是色调，用色要
是柔和，使人平静。
一季的书房家具中，
人清爽、宁静的感觉
大行其道。在简约之
不断吹拂的今天，白
红、黑等纯粹的颜色
为不可逆转的潮流。

书房的颜色应尽
避免反差过大，以免
散注意力影响学习或
作效率。

走廊空间承载着由动到
静的心理过渡作用

玄关柜的镜面丰富了整
体空间感

卧室里最好的元素是阳
光与舒适

LIVING IN
SUMMER PALACE

中远颐和丽园

设　　计　严忠民

项目名称　中远颐和丽园
项目面积　220m²
设计主材　橡木　玻化砖　壁纸

中远颐和丽园平面布置图

温暖而富于质感是这套住宅的格调

式元素得
舌度体现

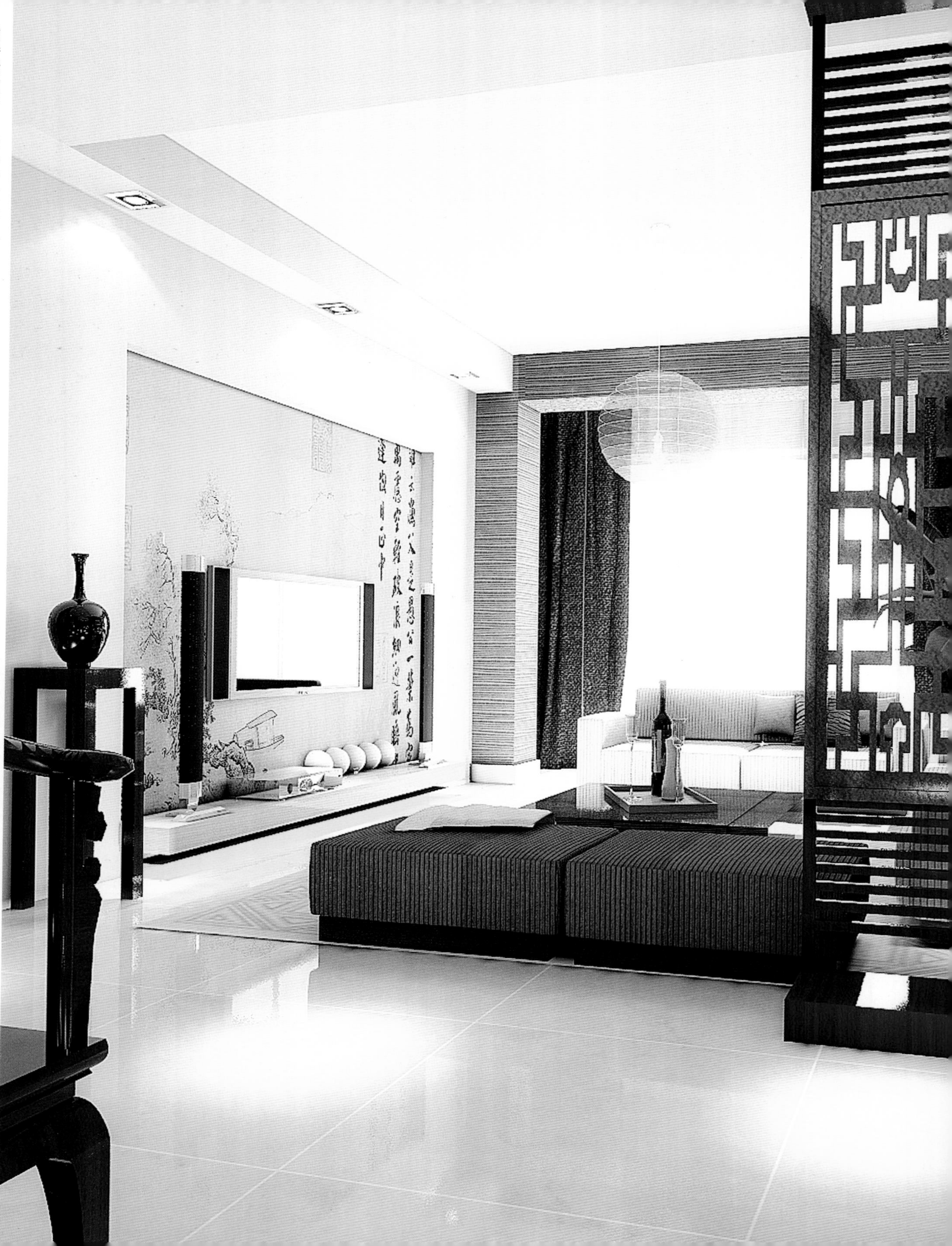

虽然传统中式非常讲究室内的层次感，但是可以尽量用虚隔断或是开放式这样的现代空间手法，使室内宽敞明亮，给现代中式一种开阔的时尚感。

在墙面的装饰上，要注意虚实的结合。有些地方可以用装饰画来点缀，但有些地方要注意"留白"处理，这样才能体现出中国传统的空间精神与韵味。

餐厅饱满而轻盈

VANKE TOWNHOUSE

万科情景洋房

设　计　陈豪克　闫　程

项目名称　万科情景洋房
项目面积　180m²
设计主材　壁纸　胡桃木　黑烤漆玻璃

万科情景洋房平面布置图

秩序之美在此得到表现

餐厅的设计重点在陈设的设计层面

INTER-CREST GARDEN

克莱斯特

设　计　陈豪克　闫程　李猛

项目名称　克莱斯特

项目面积　160m²

设计主材　壁纸　玻化砖　金属门套

克莱斯特平面布

年轻的主人细
严谨而不失浪
希望空间气质
而轻松

及玄关装修微妙，点到为止

室貌似随意，实有把握

客厅采用流行的墙画手法体现背景，家具结合轻透满喜庆与热情

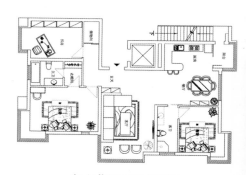

凯兴花园平面布置图

TRIUMPH GARDEN

凯兴花园

设　计　陈豪克　闫　程

项目名称　凯兴花园
项目面积　198m²
设计主材　墙画　壁纸　大花白理石

厅与餐厅紧凑而有条不紊

厅厅柜以实用为主

厅温馨中透出纯静的艺术品位

过厅的大幅壁画是衣柜门，墙面是主人生活点滴的展现

主卧室与通透的卫生间、衣帽间融为一体

SUNNY GARDEN

盛华苑

设　计　闫　程

项目名称　盛华苑
项目面积　165m²
设计主材　壁纸　红胡桃木　干花

盛华苑平面布置图

现代与中式元素的结合是主人钟爱的形式

FLYING DRAGON GARDEN

天龙家园平面布置图

天龙家园

设　　计　于晓蒙

项目名称　天龙家园
项目面积　158m²
设计主材　玻化砖　清玻璃
　　　　　橡木护墙板

月光如水的夜晚，静静地游走在光影交错的家中，心情会是怎样？

A DJ'S HOME

东方威尼斯

计 李猛 宋阳 严忠民

目名称　东方威尼斯
目面积　208m²
计主材　实木复合地板　壁纸　米黄理石　白木纹

餐厅的乡村风格

海风格的
生间浪漫
璞归真

主卧室体现了
女主人的细
腻、幽雅

客厅典雅大方

的窗外景
必须引入
的，放飞
是最美好
受

的美式风
家具是主人
活方式的
体现

VANKE GOLDEN HOME

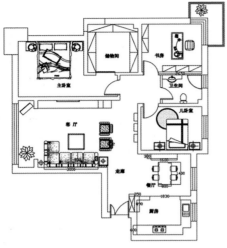

万科金色家园平面布置图

万科金色家园

设　　计　陈豪克　闫　程

项目名称　万科金色家园
项目面积　160m²
设计主材　壁纸　银镜　橡木

是极简主义风格，平棚、
、陈设点缀其间，色调搭
为了更好地呈现阳光感

门厅、餐厅、走廊空间联系而交错

墙上的展示板厚度起到了强化秩序感的作用

厅夜与昼的对比

厅与厨房通过家具风格相联系

客厅的灯光无须过亮，只要营造静谧气氛的亮度

客厅中央的灯组合是可调光源，亮度变化，情境不同